U0221796

典藏 新中式

中式售楼处

中 国 林 业 出 版 社
China Forestry Publishing House

目录

Contents

都市桃花源

Cmpd-Yong, Chengdu Washington distribution center

设计单位：重庆尚壹扬装饰设计有限公司　设计师：支鸿鑫

项目名称：招商地产 - 成都雍华府销售中心

项目地点：湖北省武汉市

项目面积：951 平方米

主要材料：大理石、柚木、肌理乳胶漆、
　　　　　仿铜不锈钢

该地产项目位于成都市区，本案力求为现代都市中整天疲于奔命的人们打造出一个"都市桃花源"，让人们能在这里暂时停下匆忙的脚步，回归那份久违的宁静与平和。

该项目整体上完整传达出甲方所要展现的低调，舒展，宁静致远的东方精神内涵。

室内空间方正，气韵通达。且与建筑完美融合，处处散发着低调而沉稳的中国味道。局部混搭的东南亚配饰进一步传达出休闲，安逸的氛围。

该设计用材质朴精简，于细节处充分提炼东方美学精髓。

一层平面布置图

新东方的设计表达
Pik Marketing Center

设计单位：尚壹扬设计　　设计师　谢柯

项目名称：碧云天销售中心

项目地点：重庆北碚区碧云天

项目面积：500 平方米

　　本案依山而建，视野宽广，环境优美，远离都市的喧嚣，显得格外的静谧。结合建筑景观的这一特质，我们采用了现代东方的设计手法，以期与环境相融合。

　　借组门外一组敞迎的绿意，一步一履中慢慢步入首层门厅。作为内外空间的过度，门厅刻意以暗色材质为主，并适度压暗直接照明，让人感受着宁静的指引。我们将与二层相连接的楼梯以雕塑化的手法作为空间的主体予以强化，墙面纵向的木质条板以及质感涂料，形成强烈的围合感，让人的心绪慢慢地沉淀。

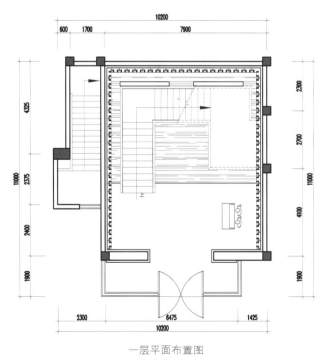

一层平面布置图

　　拾级而上，随之探入大厅，气韵愈发静美，映入眼前的是大幅面的落地玻璃，透映出户外怡人的美景。大厅的设计，笔法极淡，色调极简，黑白材质以不同的材质与质感显现，呼应东方山水画法，间或点缀淡淡的灰蓝色软饰，幽静而深远，心境也自然褪去凡尘被这沉静无华所触动。

　　本案以浅灰色质感涂料、大理石、柚木为主要材料，质朴、低色度的材料处理，以方向感极强的排列凸显视觉美感，实践对东方美学的意境营造。

二层平面布置图

古典东方的再现

Jing Rui Zhou Shan Sales Office

设计单位：上海乐尚装饰设计工程有限公司　　设计师：苏英

项目名称：景瑞舟山售楼处

项目地点：浙江舟山市

项目面积：1600 平方米

水院、水榭、柱阵在传统东方装饰的设计风格中，向其注入了新鲜的血液，恰到好处的呈现出另一种独特风味。

整个售楼处置于海边，鸟笼、木头、树枝点缀其中，映射了东方古典文化的同时，使得整体空间更为幽静和灵动，你似乎能在这里清晰的听见水滴叮当、鸟儿鸣叫的声音。

空间除了满足功能性外，更增添了感官体验，处处营造谧静悠闲感观享受。

借由材料的运用，巧妙地将中国文化融合其中，使新、旧感受并列且同时呈现出东、西方文化交融的独特风格。装饰材料的应用上大量采用原生态的木饰面及石头，搭配茶色镜面、亮面不锈钢、棉麻布艺等，设计师尽可能的拉大材质间的相互对比，以强调东方从古到今的文化发展。

丰富的感官体验，让宾客沉浸在个人专属尊贵所带来的全新感受中。

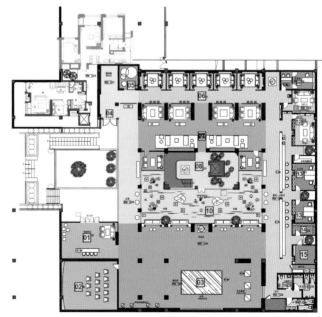

一层平面布置图

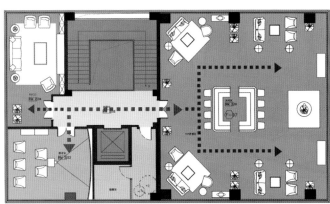

二层平面布置图

拈花湾禅意小镇
The interior design of Wuxi Nianhua Bay Zen town – Sales Center
设计单位：禾易 HYEE DESIGN（原 HKGGROUP） 设计师：陆嵘

项目名称：无锡拈花湾禅意小镇
　　　　　－售楼中心室内设计
项目地址：无锡马山太湖国家旅游度假区
项目面积：2200 平方米

灵山小镇·拈花湾，置身无锡马山太湖国家旅游度假区之中，面朝烟波浩渺的万顷太湖，背靠佛教文化胜地灵山。不但坐拥绝美的湖光山色，更是深深浸染灵山胜境的佛教文化。

售楼中心的室内设计运用了竹、木、水、石这些最简单的材料。竹之气节，水之灵动，木之温润，石之坚毅，少了刀劈斧凿的痕迹，却自有其古朴与天然的味道，旨在为来到这里的人们营造轻松从容，潇洒写意的禅意氛围。

入口处主题艺术装置为整个售楼中心的精神堡垒，天然竹节通过透明鱼线串联组合成了一个方圆，透过中心孔洞看到后方用天然树叶拼贴而成的气势磅礴的巨型山水画。底下薄薄一汪涌泉缓缓流动，一阵清风拂过，水波浮动带着连接天地的管竹相互共鸣，在这静谧的空气中，仿佛就置身于那山、那水、那片竹林中，"禅"便是在此了。

步入二层，眼前灰白砂石铺设的枯山水上布满了大小各异的鹅卵石，踩在脚下才知道那厚实柔软的的触感原来是地毯，走几步还能感受到水波凹凸起伏的层层纹理。随意靠在仿真鹅卵石沙发上，这种视觉和触觉的冲撞感十分有趣。最末端的小竹亭掩映在一层从天而下的半透明纱幔里，我们为它取了一个直白的名字——发呆亭。顾名思义，在这里唯一需要做的事就是发呆而已，偶尔发发呆放放空、远离都市尘嚣和烦忧，也正应和了拈花湾禅意小镇想要为人们打造的一片净土的初衷。

拈花湾售楼中心不同于一般城市里常见的销售空间，感受不到丝毫的商业气息。门外树木藤蔓苍郁葱茏，世俗喧嚣；门内青苔丛生，小径幽然，掩映成趣，仿佛远离尘嚣的另一个世界。你来或不来，它都静静地立在那里，在这山水间、烟霞外，静守一份恬淡与和谐，等候知音。

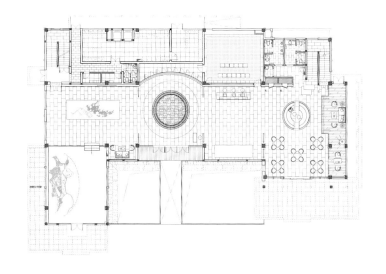

一层平面布置图

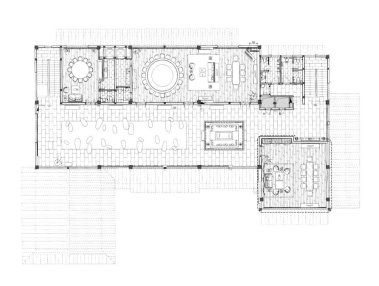

二层平面布置图

江湖禅语

Zen Resort & Spa Sales Center in JX/YC

设计单位：台湾大易国际设计事业有限公司　设计师：邱春瑞

项目名称：江西宜春江湖禅语销售中心

项目地点：广东省惠州市

项目面积：800 平方米

销售中心隶属于江湖禅意旅游地产开发综合项目，地理位置为向西靠近秀江御景花园住宅区，向东毗邻御景国际会馆，南朝向化成洲湿地公园。从地理位首当其冲的占据了优势，面对的客户群体主要是中高端客户。项目原址是一家经营多年的海鲜酒楼，在其拆迁之后对建筑和室内进行改造。

在设计风格上，室内外均采用现代融合中式禅风，设计师并没有一味的照搬中式的具象代表符号，而是用格栅来阐述中式意味。竹，乃"四君子"之一，彰显气节，虽不粗壮，但却正直，坚韧挺拔；不惧严寒酷暑，万古长青。通过把竹意向成格栅，同样让这些境界呼之欲出。

借鉴中式传统庭院布局，设计师让室内空间后退将近 10 米，预留出半开放式的水景区域，这样的布局，既能很好的过度室内外景观，同时也能增加建筑设计的体量感。室内空间划分为主要的三个功能区域：接待区、洽谈区和展示厅，通过意向的通透式的人造隔断墙，使这三个空间若即若离，同时也正好迎合了中式园林中的借景原理。

在保持原有建筑的前提下，考虑到成本和工期的原因，设计师尽可能采用施工便捷的材料。如建筑外立面采用钢结构，室内的木质隔断墙，有毒气体挥发较快的木饰面等。

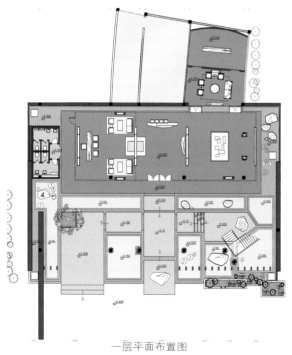

一层平面布置图

东方新语素

shan Lake led Royal Marketing Center

设计单位：7080 内建筑设计事务所　设计师：胡勤斌

项目名称：梓山湖领御营销中心

项目地点：湖南省益阳市

项目面积：1500 平方米

主要材料：泰顺青石、榆木、玻璃、不锈钢、油漆

此项目核心价值在于想打造一种新东方语言，强调居住环境的稳定、安全和归属感，满足中国人骨子里的中式文化地方情结，应体现其创新性、生态性、时尚性、人文性等，与建筑新中式风格互补并和谐的空间氛围，能充分体现本身的定位形象"果岭—观澜—中国世家"，最大化体现价值所在，促进销售，是具有一定文化底蕴层次的乡绅士族所追求的生活品质。整个案例着重倡导中式独有的人文情怀与书香底韵，"淳朴重义"，"勇敢尚武"，"经世致用"，"自强不息"构成了湖湘文化独特的强力特色。

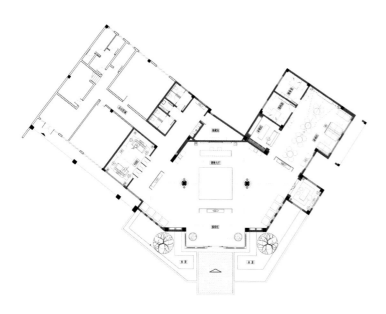

一层平面布置图

借助隔断巧妙地将营销中心柔顺地划分为迎宾区、交互区、前台区、VIP区、休憩区等，营造充满湖湘本土文化气息的空间氛围，借助区域功能属性强化售楼服务界面，使客户从进门开始便能享受到最温馨的服务直至离开时仍有种"留恋忘返"的感觉，一改以往给人那种功利性很强烈的直接且单一的营销攻防氛围。使感观更有条理、自然，使客户与销售人员能轻松自然融入环境。

室内延续建筑中白墙灰瓦的灰白主色调，以项目LOGO为装饰主题，入内第一眼的中式元素木格屏风，圆拱呼应入口的月芽门造型，以轴线一字穿插的主题背景墙，在这之前，设计师的本意是用四大名绣之一"湘绣"来做主题背景墙，中国蓝绣上祥云图案，以更好的引入湖湘地方文化特色，还找来了当地著名湘绣行家，因建设方等诸多原因，改用木格主题背景墙，比例合适的钢制项目LOGO，古与现的材质结合，更能体现新中式在细节上的创新。此案重点在整个营销中心互动区（此区域成本占据项目的大部分），项目总成本为150万，考虑将成本合理运用，木作方面用的是价钱合理的榆木，首先是天花，提练传统的中式斗拱元素的精华，由荔枝面灰麻基底榆木柱支撑，榆木饰面假梁简化的现代斗拱造型，很好的诠释其中的新意，围绕中心点的一个"御"字造型天花展开，御字象征中国之权威贵族，排列有序的祥云图案吊灯，气势非凡。整个销售大厅地面则用的是产自温州泰顺的青石砖，以工字铺法展开，为我们想表达的新中式铺垫了基础。大面积的白墙，部份墙面特意挑选的色差大、手工精细的灰砖，灰石材质的墙裙及门框线的运用，通过这些元素隐性植入整个案例，很好的营造一个古色古香而又不失清新雅致的独有新中式氛围。

悦府会

Ningbo Dongqian Lake Yue House, phase 1

设计单位：深圳市昊泽空间设计有限公司　　设计师：韩松

项目地点：宁波

项目面积：850 平方米

本项目依傍宁波东钱湖自然景区，独享小普陀、南宋石刻群等人文景观资源，地理位置无可比拟。

在空间上以中国建筑传统的空间序列强化东方式的礼仪感和尊贵感；在视觉上通过考究的材料和独具匠心的工艺细节，以简约的黑白搭配一气呵成，展现了东钱湖烟雨濛濛、水墨沁染的气韵。

售楼会所以浓浓的中式意蕴，展示一处幽静、高雅、洒脱的环境。身处这处清幽的别业，可以隐逸其中，欣赏着别业周围的开阔景色和别业里新奇别致的幽景，静静地坐下来悠闲地聆听自然的声音，置身这种环境中，可以感到自己仿佛超脱凡尘、烦恼、杂念

全部消失，非常舒心惬意。处处是业主精心调制的氛围和环境，匠心独具的收藏展馆，展示出主人独特的喜好和修养。

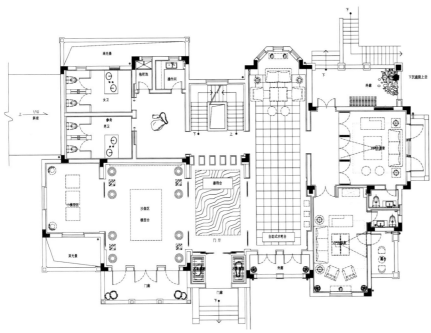

一层平面布置图

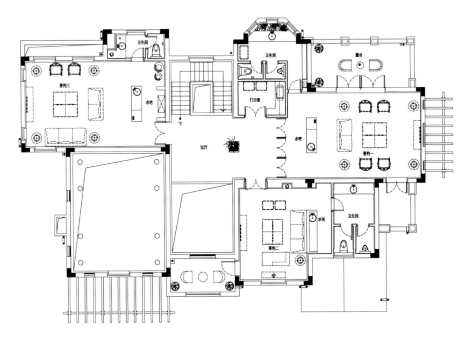

二层平面布置图

东方新语汇

Beijing yintai voted dongqian Lake, Ningbo Yue Fu

设计单位：深圳市昊泽空间设计有限公司　　设计师：韩松

项目名称：京投银泰宁波东钱湖悦府

项目地点：宁波

项目面积：850 平方米

主要材料：白沙米黄、虎檀尼斯、泰柚

本项目以柏悦酒店为依托，傍依宁波东钱湖自然景区，独享小普陀、南宋石刻群等人文景观资源，地理位置无可比拟。

一、在空间和视觉语言上与柏悦酒店完美对接；在空间上以中国建筑传统的空间序列强化东方式的礼仪感和尊贵感；在视觉上通过考究的材料和独具匠心的工艺细节，以简约的黑白搭配一气呵成，展现了东钱湖烟雨、水墨沁染的气韵。

二、在硬件和智能化体系上坚持柏悦酒店一贯高品质的传承，让客户不经意间感受到骨子里的柏悦性格。比如：一进入会所，所有的窗帘为你徐徐打开，

阳光一寸寸地洒进室内；按一下开关，卫生间的门就会自动藏入墙内；全智能马桶自动感应工作……随处让人感受到高品质的舒适体验。

三、设置独立专属的高端客户接待空间，独立酒水吧、独立卫生间。尽享尊贵、专属的接待服务。

四、细分功能空间，将一个空间的多重功能拆解细分，每个都尽善极致，大大提升品质感。

五、增加全新的功能体验，在商业行为中加入文化和艺术气质。我们在地下一层设计了一座小型私人收藏博物馆，涉猎瓷器、家具、中国现代绘画、玉器……不仅大大提升品质，同时也给客户带来视觉和心理上的全新震撼体验。

身处其中，恍若超脱凡尘，烦恼、杂念消失无踪。带出一抹我独我乐的欢喜。正所谓：别业居幽处，到来生隐心。南山当户牖，沣水映园林。屋覆经冬雪，庭昏未夕阴。寥寥人镜外，闲坐听春禽。

一层平面布置图

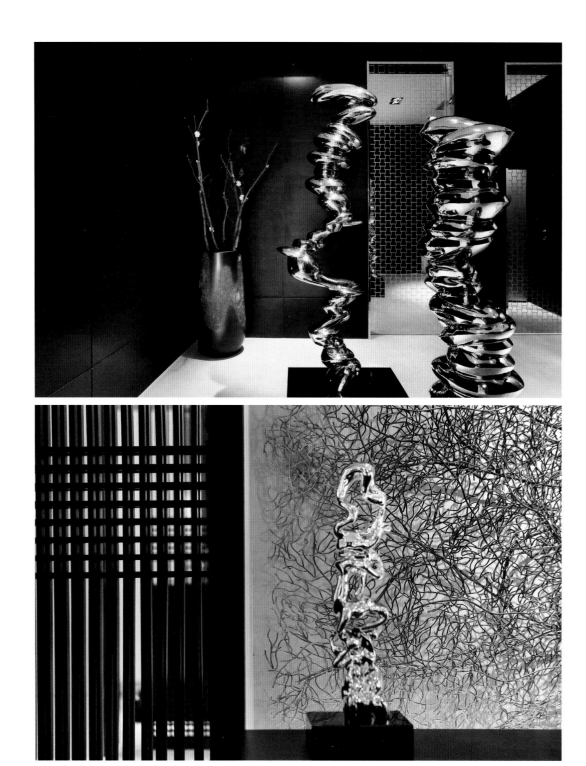

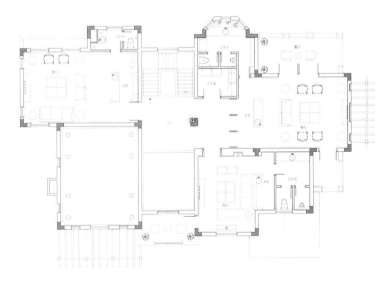

二层平面布置图

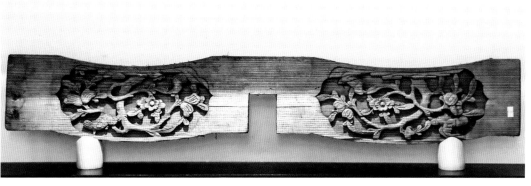

现代与传统的时空对话
Xiao Dong Park
设计师：潘冉

项目名称：小东园
项目地点：江苏南京市
项目面积：350 平方米

老建筑的保护性建设，现代与传统的时空对话，表达传统建筑文化的时代感和现实意义。本案将古典园林精神融入室内布置当中，巧妙地利用传统建筑的格局，追求内外视觉的穿透交融。

在空间设计上，通过借景，对景的手法拓展视觉尺度；用轴线对称的理论用于实践表达设计师的"仪式美学"观；将传统建筑中的"不可用"变为"可用"；拼装式设计和隐藏式设计在传统建筑里的设计实践。

在材料的使用上，用"新"材料表现"旧"感觉；用粗矿材质和华丽的材料碰撞，再加入光电等科技元素，表达时光的穿梭感。

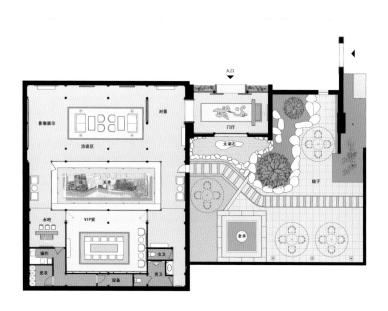

一层平面布置图

现代禅意空间的表达

Guangyuan Tin Yuet House Sales Center

设计师：冯军

项目名称：广元天悦府销售中心室内装饰设计

项目地点：四川广元

项目面积：490 平方米

主要材料：洁具、定制木挂板、天然石材

本项目以山水资源及品质生活氛围为设计出发点，将项目的入住前体验提高到感染未来的高度，从而用体验代替了简单的功能空间。

针对周边同类项目销售中心，以楼盘建筑风格对应室内设计风格，同质化、单一化特点。本案设计立意现代禅意意境，述求大隐隐于市的现代居住生活主张。设计元素以项目自身依山环水、山脉长年隐现云雾之中的独特自然环境特点，提取山水元素，以当代水墨表达方式结合线、面的虚实明暗对比，以画为意、引水为景、游鱼为趣，以暗喻的手法传达项目环境的自然优势以及室内空间的品质感与文化感。

本项目因受工期及成本管控因素，项目空间以建筑商业群楼作为销售场所，从而带来室内空间使用功能受空间结构柱体制约，对与周边同类产品以独立性、单体性、专一性建筑作为销售空间，在外部识别与内部使用上的使用优势，在本案设计思路扬长避短的主导思想，重室内、弱室外。室内分区以结构柱为分割核心，采用对称化对应性化的处理方式，划分空间主次功能，并以空间使用与功能的主次流线，结合建筑采光依次设置空间使用功能。同时通过空间块面凹凸造型、利用材质本身色泽，质感属性结合平面功能区域划，以转折、围合的手法区分功能区域的界面划分，使原有凸兀结构柱体融合隐藏于设计造型之中。整个空间布局力求以体现小见大、以简求精、隔而不断、景中有景、由景生情的禅意情节。

　　本项目在设计用材上尽量简化材料使用种类，以强化主要材料自身色彩构成关系，以及黑白灰对比关系，构筑空间效果。力求以简洁的材料体系明确的对比效果来强化空间构成，同时设计上不过分依靠高档材料使用来体现空间档次，而是通过材质色彩及质感搭配组合体现空间品味，并且所用木饰面材料均为定制成品家具板，在节约现场人力成本，确保工期的同时有力保障了设计细节的精致感。

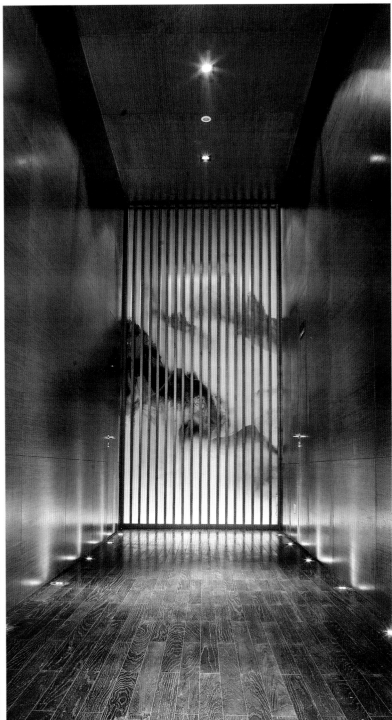

笔墨纸砚
National Garden-inkstick
设计师：张清平

项目名称：国民院子——笔墨纸砚

项目地点：辽宁大连市

项目面积：720 平方米

透过东西文化的剪辑与交融，实质线条的高低，内外交错，以抛物线依附量体的概念，建筑的虚与实，诠释新国民贵族特色，并衍生出空间与城市脉络的精采对话。

量体空间起伏的轻盈感，创造了最佳的显光性，将墙面、光影、水影，交织成一种独特而律重的氛围。

空间语汇，以"文化交会"与"线条虚实交错"之二种概念构成。空间架构以笔、墨、纸、砚文房四宝，是具象同时也是抽象的串联空间，将中国人文风范精湛展现。

狂草笔，以原生素材构成装饰与空间精神线条

龙纹墨，阵列的墨柱创造出宽阔且中国风的空间布局。数大的卷轴转化光明迎接希望与温暖的玉石砚，自然肌理的展台呈现心安淡定的空间质感。

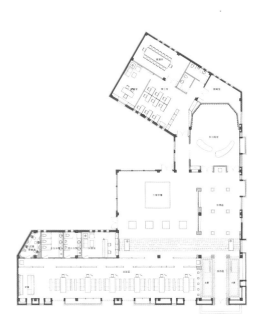

一层平面布置图

演绎新中式
Garbo dream Bay Sales Office
设计师：何莉丽

项目名称：嘉宝梦之湾售楼处会所

项目地点：上海嘉定区

项目面积：998 平方米

这个作品主要市场目标是比较高端的客户群，对中国文化及传统有着喜爱。在软装的装饰运用中，在东方精髓设计元素中融入了装饰主义风格元素。不单单只是东方元素的简单延承，而加入了新摩登元素。

用建筑空间中的庭院作为装饰亮点，与自然亲近，大体块的木饰面和内敛稳重的木纹石，规整的排列，内敛稳重的细化白地面，悄悄地沉淀了入内人们前一刻的心灵拥挤规整的排列更显大器，产生了空间的延续性空间色调的运用，皆维持简单素净的风格，体现建筑的空间感。

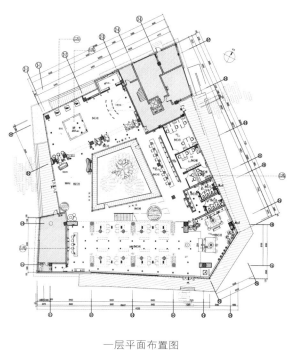

一层平面布置图

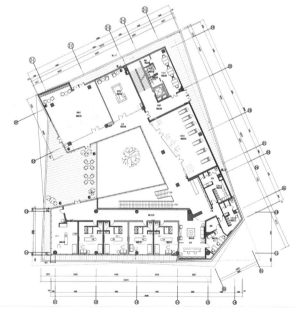

二层平面布置图

　　将张扬的装饰主义展现的淋漓尽致，而家具的软装搭配混搭了不同元素，摩登东方与现代新古典的拼撞，无疑是装饰主义最好表现。

　　整体装饰风格贯通"新东方"的设计风格融入装饰主义元素，简约中带有秩序的美感，崇尚的依然是一如既往的舒适，没有复杂的割断，散发出不一样的简洁思维。

中航樾府
Nanjing Old House Clubhouse
设计单位：北京集美组建筑设计有限公司　　设计师：某建师

项目名称：南京中航樾府会所

项目地点：江苏省南京

项目面积：665 平方米

作为集团的顶级销售会所，摒弃传统销售模式，以江南园林与空间依托，以老宅为载体去触动人内心深处的东方情结。

没有准确的风格界定，没有传统符号的堆砌，而是将传统的东方文化转换为国际的世界的。

"窗外皆连山，杉树欲作林"在这有雨、有林，完全模糊了"园"与"院"，"内"与"外"，淡化了"老"与"新"，塑造出新的空间秩序。

我们的设计将传统的元素进行了当代化的转变，木格屏风，比例的重新调整加上镀镍材料的运用，犹如江南缠绵不断的雨，让人心有涟漪。传统的室内青

砖，不再是粘木烧制，而是青色丝绸布包裹。

在业内树立了新的经营模式，在当下推动了新的文化景象。

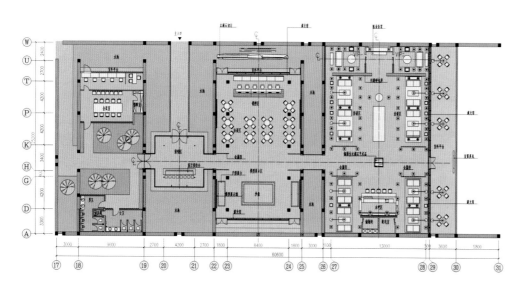

一层平面布置图

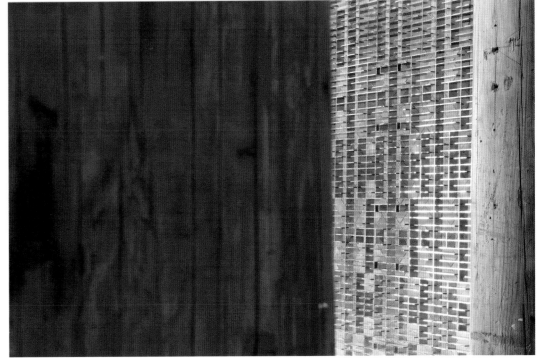

封闭与围合

Chengdu rich think-tank

设计单位：成都上品演一设计顾问有限责任公司 —— 设计师：李剑

项目名称：成都万贯智库

项目地点：成都市

项目面积：8000 平方米

主要材料：简一陶瓷、TOTO 卫浴、玻璃工房

本案的设计定位：从 40 亩小地块规划、建筑、环境、室内、陈设做出统一整合设计方式。

建筑、环境、室内空间整合为一体的综合设计体，泛东方风格，室内外整合的不定界设计方向。

项目改变传统开敞式销售中心的一般模式，封闭、围合的建筑群为客户，提供艺术鉴赏和心灵感受的文化参与场所。室内外材料合而为一，朴素的材质贯穿始终。

本案的成功推出，为工业地产板块提出了文化地产销售方向。

一层平面布置图

现代都会的成熟品味
Langyun-big city catering

设计单位：暄品设计工程顾问有限公司

项目名称：大城朗云接待中心

项目地点：中国台湾

项目面积：998 平方米

作为"物件"之墙，都市涵盖中之空间互存：在"大城朗云"的公共空间设计里，要完成一种再尝试，将现代艺术之几何构成所呈现的感官要素融入三度空间，塑造一种新的空间隐喻 -- 现代都会的成熟品味。

以塑造"都市景观"为设计原点，开放式之市内建筑呼应都市街廊；及呈现现代艺术之线条、板块分割、构图构成整体三度空间为整体设计概念。

本案作为接待中心，企图以室内外互动之建筑体，具艺术性格是视觉，空间形貌来呈现存在于都市函购中，建筑体表面与是室内融合为整体，互相渗透的空间模式。本案"墙"作为物件的概念，是为几何线条

构图之透明玻璃台；是为玻璃与外，与内同、水池、坡道穿插融合之实体板墙；是为板块构图，结合室内主体厅天花集合构建、楼梯、中庭；整体以三度空间作为都市街廊之视觉主面。

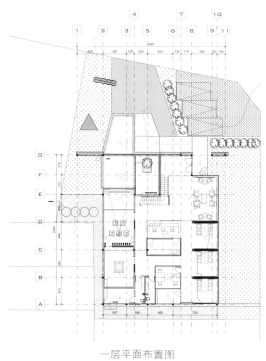

一层平面布置图

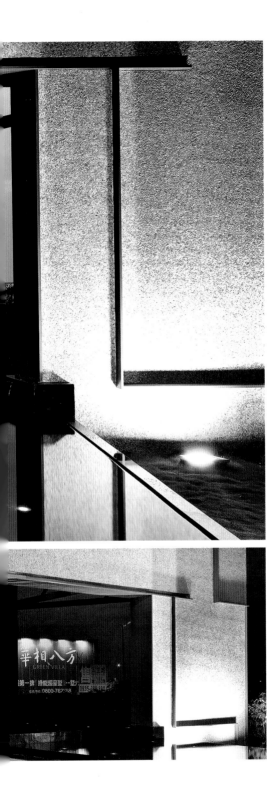

宁静和谐的东方韵味

High Fifth Avenue 3 in Shenzhen Marketing Center

设计单位：深圳市派尚环境艺术设计有限公司　　设计师：李益中、范宜华

项目名称：深圳高发第五大道 3 期营销中心

项目面积：922 平方米

主要材料：深灰色尼斯木、条纹地毯、灰镜、
　　　　　灰钢、深灰色尼斯木木条、
　　　　　深灰色烤漆板

光是本案一条结构清晰的脉络，静谧幽暗的展示厅和开阔明亮的洽谈区之间有着循法人性的空间礼序，灯光的引导和色调的渐变给人以潜在的视觉和心理引导。使人流在好奇心的趋势下，一步步探寻往售楼处流线的终端。东方元素经过设计师提炼与重构，营造出宁静而又神秘的氛围。

本案是在原有售楼处的基础上改建而成的，原建筑中存在太多承重柱，使空间支离破碎，难以整合。基于此考虑，设计师不再局限于传统售楼处流畅、直白的路线设置，而是巧妙的利用空间这一独特之处，使各功能区各自独立，同时利用门禁的方式将其有机的串联在一起，结合光影和色调的变化，产生忽开忽合、时收时放的空间节奏感。客户游走其间，感受到的是犹如中式园林一般的深邃藏幽的情趣，同时也在不经意中，循序渐进地探访完销售流线的全程。

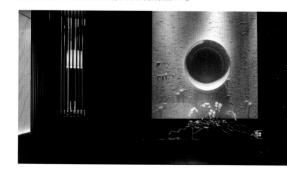

宁静和谐的东方韵味，是设计师想要在空间中表达的。在这一过程中，设计师并不限于对东方元素的堆砌，而是吸取东方文化精髓，利用现代的手法进行再创造，使两者之间形成一种跨时空的结合。

被分隔的空间多相互连绵、延伸、渗透，而不流于空旷、单调。设计师提取中式建筑语汇，利用屏风门，木格栅等传统中式元素围合各个功能区。洽谈区利用深灰色尼斯木木条围合，配以同材质圆型茶几，形成独特的空间的造型，同时也将各个洽谈位分隔开来，增加了私密性。洽谈位之间也并非全然封闭，透过木格栅的缝隙，可以隐约窥见相邻空间动态，整体营造出一种似隔非隔，似断非断的宁静空间氛围。洽谈区中央，利用石材围合成一座水吧台，仿若玉立于空间中的一座类亭阁。古朴、厚重中式家具，灯具的使用，深化了空间浓厚的东方气息，挂画的运用，则在整体上提升了空间的气质。影视区过渡到洽谈区的走廊墙面，是艺术家根据空间气质精心创作的雕塑画，形态简约大方的白色瓷盘悬立于画中央，如同枯山水一般引发禅思，灯光的映照下，时间似乎在一瞬间凝滞。

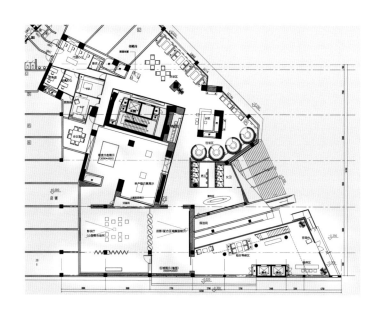

一层平面布置图

沉稳的奢华气质
Guilin Fantasiz Fantaisz City Sales Offices
设计单位：深圳市昊泽空间设计有限公司   设计师：韩松

项目名称：桂林花样年花样城售楼处
项目地点：桂林
项目面积：1769 平方米

售楼处所对应的楼盘项目是集五星级酒店、购物中心、写字楼、住宅公寓等于一体的大型商业综合体，具有较宽的目标客户群跨度。

为了提升客户消费行为的心理品质感，设计师在区间轴线的对称关系和空间序列的层次感上做足文章，增强了空间视觉的尊贵感和仪式感。同时石材、竹木和皮革的使用使得整个空间充满沉稳的奢华气质。

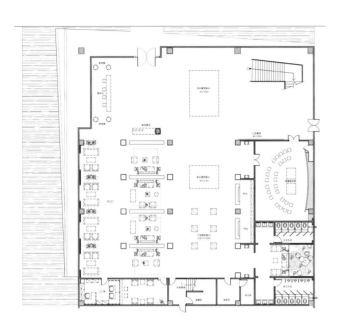

一层平面布置图

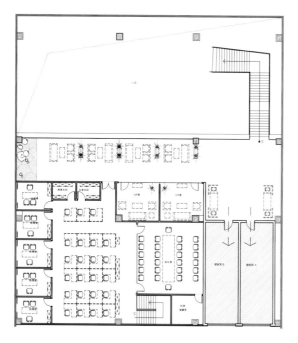

二层平面布置图

空间记忆

Elite building donor-country section (City Hall) reception centre

设计单位：动象国际室内装修有限公司　　设计师：谭精忠

项目名称：精锐建设惠国段（市政厅）
　　　　　接待中心

项目地点：苏州

项目面积：1F 面积 385 坪 / 1270 ㎡
　　　　　2F 面积 290 坪 / 960 ㎡

主要材料：铝塑板、皮革、钢刷染色木皮、
　　　　　镀钛不锈钢、灰镜、
　　　　　大理石（意大利白）、抛光砖、
　　　　　柚木板、地毯等

"品牌"是现代企业经营环节中不可或缺的一环，其影响力涵盖企业精神、发展策略、经营管理、产品定位等层面。一个成功的品牌的无形价值甚至能够超越企业有形的资产，并且可以存在更长远的时间。

本案的设计概念是引入艺术展览作为接待中心的空间界面，藉由对当代艺术的关注与赞助，使企业品牌与艺术文化产生连结。同时，透过当代艺术作品突破创新、引领时代的风格特质，接待中心不仅扮演提供房地产销售所需使用空间与机能的角色，也能提升企业品牌的价值与销售产品的形象，进而引发消费者的感性共鸣与消费动机。

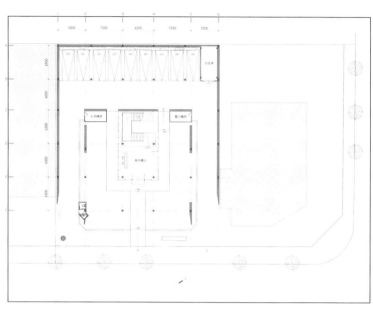

一层平面布置图

以"动漫艺术"与"亚洲当代艺术"为双主题的展览，网罗诸多地区的当代艺术家的 20 余件作品。唤起人们的共同记忆，空间、人与艺术品对话交流的氛围，不仅提供观赏者共同的话题，拉近大众与艺术品之间的距离，间接也提升消费者对企业品牌与销售产品的认同与好感度。

1. 立面外观：接待中心外观以覆贴白色塑铝板的∏形框架为主体，边框与楼板的斜面造型减轻 40cm 墙板造成的厚重感，地面上黑色亮面抛光砖与镀钛不锈钢板构筑的无边际水池的倒映与反射，则营造接待中心悬浮水面的视觉效果。夹纱玻璃围塑而成的玻璃立方体由框架中间悬挑而出，在夜间熠熠发光宛如悬挂天际的珠宝盒。

2. 1F 门厅：1F 入口门厅是由镀钛不锈钢、清玻璃与烧面鲸灰石所组成的透明玻璃屋，灰白色调搭配简洁的线条，环绕在无边际水池与水面的雕塑艺术品中间，散发出空灵清澈的气息。过道的空间性质，仅有接待柜台与悬吊雕塑艺术品，后方 H 型钢加灰玻璃的钢骨楼梯提示通往配置在二楼的主要空间的动线。

3. 2F 大厅：挑高 11 公尺、放射状的造型天花板，展现楼梯空间的气势。2F 大厅以皮革与镀钛不锈钢边框装饰墙面，办公室、洽谈室等空间以隐藏门隐身墙后，保留连续的墙面以展示诸多的动漫主题画作。低调奢华的壁面材料围塑完整不受干扰的展览场域，展现人文、品味、尊贵的空间深度与质感。

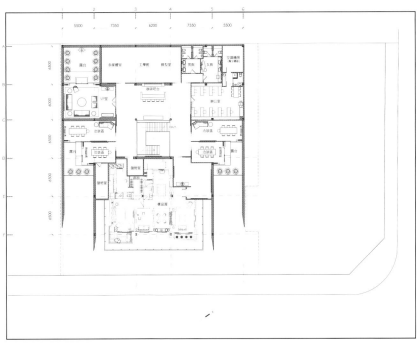

二层平面布置图

唐乾明月
Tang Qian Ming Yue Tai Sales Department

项目名称：唐乾明月永泰售楼部

项目地点：福州永泰唐乾

项目面积：115 平方米

主要材料：白木纹大理石、咖啡色铝塑板、
蒙古黑大理石拉槽、绿可板、
黑钛、乳化玻璃、仿古砖、金刚板

售楼部，一个在房地产开发后期占据相对重要的一个场所。它承载着楼盘形象、客户体验和销售完成的重要作用。因此，根据上述功能的需求，设计师将其定位为一个外在炫目，内在功能高度集中的场所。

此次设计主要定位为新中式风格，售楼部内既保留了中国传统文化的神韵，又对传统的格调进行了大胆的创新。设计师主要通过白色墙漆及绿可木的穿插大面积运用，打造了新中式的基调。同时，又创造性的利用各种不同质感的玻璃，使原有的空间增加了一分通透感。在三楼的大厅区，以黑色弹石和松香玉装饰柜为主要装饰的背景墙，在灯光的漫反射下，渲染出一种素雅的空间。而此正中央的枯枝、白石以及一把看似随意摆放的椅子，又为空间加入了一种随性的质感。走入这个空间仿佛进入了一个寂静流动的古韵天地。人心也一下变得沉淀。

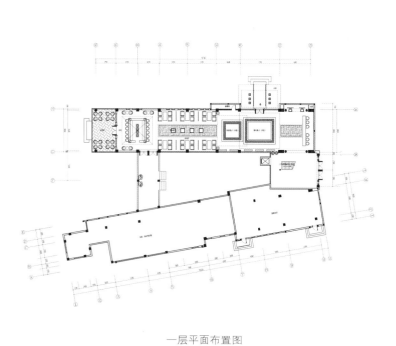

一层平面布置图

天府
Tianfu
设计单位：北京中美圣托建筑工程有限公司　　设计师：薛霆

项目地点：成都青羊区
项目面积：4500 平方米
主要材料：贝朗洁具、彤彩壁纸

本案的设计定位为：休闲度假感觉的中式风销售
会所。项目地处四川省成都市青羊区，结合中式细节
和度假式的休闲空间，大气而不失优雅。

在设计表达上，采用对称秩序的空间布局，优雅
的流线，注重借景。

设计选材上面，大量的使用灰砖，柚木，马来漆，
椰壳等设计材料。

整体的设计效果营造了出众大气的氛围，在当地
反响良好。

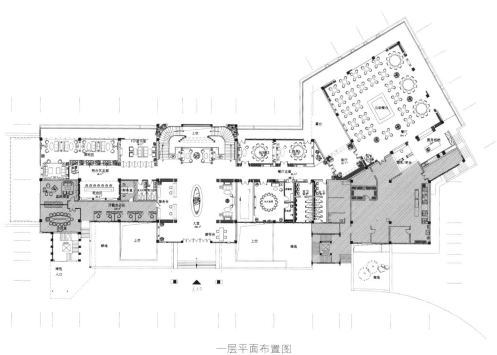

一层平面布置图

岭南韵味的中国风
Lake hills sales center

设计师·刘英

项目名称：一品湖山售楼中心

项目面积：1200 平方米

主要材料：黑色花岗岩、树枝造型、
　　　　　云纹吊灯、灰色火山岩

项目的生态资源优越，售楼中心的建筑设计和室内设计上充分利用这一优势，最大限度的将室内外环境融于一体，实现开发商打造"崇尚自然生态，体味闲情逸致的山水生态园林式高尚住宅区"的主旨。

以"汉字"为设计概念，展现中国文化的博大精深。中国书法的意境精髓就是达到"行云流水"的境界，在本案也代表人生的一个生活高度。打破传统表达中式文化设计手法所惯用的窗格元素，把项目最大的卖点———优美的山和水地理环境，结合书法"行云流水"般文字的造型，创造出项目的独特空间效果和体现出市场消费者对优质生活意境的向往和要求。

在销售行为艺术上，我们的目标消费群最高的礼遇，那就是用"云上之端"最能体现。售楼部入口穿过岩片和青瓦组成的"云形"图案，推开以汉字笔画形状为造型的门拉手。映入眼帘的是蚀刻着陶渊明《饮酒》诗文的黑色花岗岩地面，而天花则以抽象的森林造型呈现。使项目优质的生态环境用诗句的内含以充份而独特的手法展示出来。

售楼部形象墙以黑色火山岩与青瓦的造型，把广东名曲"雨打芭蕉"传神提炼出来，烟雨中，远处屋顶的青瓦隐约可见，使消费者顿时融入项目整体营造的主题气氛中。以山体为设计元素的接待台上方，一品湖山的Logo化身在灯具上，与旁边的毛笔灯具，在建筑概念中与中庭天井相呼应的砚台水景，巧妙的把笔、墨、纸、砚的"文房四宝"，整合转换为设计语言，浓郁的中国文化精髓散发在室内空间中。

传统建筑中天井在这里，以生生不息的青竹形态，充分体现了中国建筑文化的科学性和生命力。而VIP区也通过青竹中庭形成了无形的隔断并营造了相对的私密空间。

洗手间为售楼部的公共空间和办公室的交叉点，合理分导人流，互不干扰。而办公区的文字屏风与洗手间的过渡空间用"心"的艺术实木造型，在素白的墙体上，反映着开发商的开发优质产品良好经营理念。

洗手台上的条窗把室外青竹融入室内，使洗手间成为一个生态空间。而山、水生化为"云"的良好生态环境的描述，则以扭带的元素，合理贯穿在建筑和室内，以点睛的"云"之造型来呈现。

一层平面布置图

竹之韵
Chongqing City Sales Office
设计单位：黑龙江省佳木斯市豪思环境艺术顾问设计公司 · 设计师：戴勇

项目名称：重庆永川润锦花园售楼处

项目地点：重庆

项目面积：950 平方米

主要材料：意大利米白洞石、卡其米黄大理石、
　　　　　山西黑大理石、木饰面、实木地板

竹，彰显气节，虽不粗壮，但却正直，外直中通，襟怀若谷。本案我们以竹为设计主题，用一种现代的设计语言来表达对竹的情感，用现代的设计手法来传达竹的神韵。

从平面开始，设计师从具体的现场建筑特点出发，用一种全新的思维方式来组织平面布局。半椭圆形的建筑平面激发了设计的灵感。顺着原建筑流线型的外墙，设计师用细长的木格栅作隔断，围合出一个又一个圆形的洽谈区。中间的水吧和展台也同样被设计为圆形或是椭圆形，包括入口右手边那通往二楼的圆形旋转楼梯，也以优美流畅的弧度向上盘旋延伸。

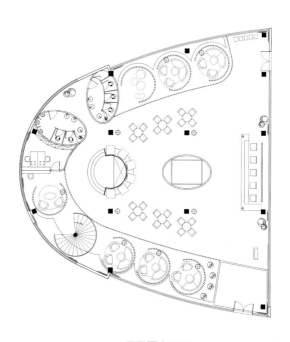

一层平面布置图

　　一层展厅的设计中，设计师借来了竹的意象，采用一种细长的比例关系。深色木饰面的木格栅一圈又一圈，细密的垂直线条给我们带来了竹的韵律。在用材上，我们大面积的使用同一种材料，手法尽量练达。地面满铺着浅色的米白洞石，大面积留白的天花简洁平整，淡雅的背景更加衬托出深色实木地板地台的优美弧度和木格栅笔直挺立的硬朗姿态。天花上嵌着双头射灯的黑色长条造型，弯曲的暗藏暖色灯带，地面上偶尔出现的长条形的卡其米黄大理石，以及挂在模型台上方的长方体吊灯，在整体的空间构图中都转化为线的元素，自然流畅。精挑细选的家具和饰品简约质朴，却又不失档次，同样流露着如竹一般高雅脱俗的品味。

　　二层主要为接待，会议及办公空间，同样延续了一层展厅的设计风格。在平面上依然是流线型的布局，通透的会议室用灰色玻璃和一根根细长的木饰面格栅来围合成半圆形，呼应着设计的主题。设计师将直线的硬朗和曲线的柔美近乎完美的结合了起来。

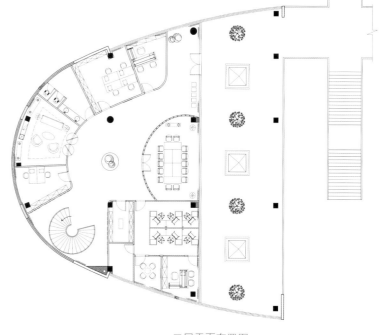

二层平面布置图

灵动的空间感

Da Lian vanke cherry Park sales center

设计师：于强

项目名称：大连万科樱花园销售中心
项目地点：辽宁大连
项目面积：1100 平方米

以樱花为元素，展开构思。空间上，打破原建筑固有的"盒子"形体，采用折线来穿插、分解空间，抽象的几何形体、界面的转折起伏，与环境中叠山环绕的灵动感觉形成呼应。

色彩延续窗外樱花高雅的白色与粉色，细纹雪花白、实木线条、浅灰色皮革配以原木座椅，体现生态理念，使整个空间氛围更加贴近自然。

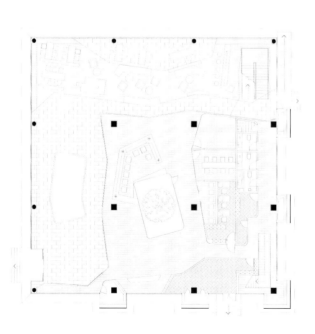

一层平面布置图

二层平面布置图

水月周庄

Zhouzhuang water months sales Club

设计单位：萧氏设计　　设计师：萧爱彬

项目地点：苏州 周庄

项目面积：1200 平方米

主要材料：橡木地板、紫檀板染色、
灰姑娘大理石，铁艺

现在的楼盘卖的不仅仅是房子，更多的是文化、是生活方式。售楼中心也不简单的只堆堆沙盘放几个洽谈桌椅，更多的是体现业主的品味和展现环境迷人的风光，能让客人有宾至如归的感觉，到了这个地方就能想象到一个家，这就是开发商想要达到的效果。

周庄，名字就令人向往。陈逸飞的《故乡的回忆》把周庄炒红了以后，周庄便成了"小桥、流水、人家"的代名词，成为了江南的缩影。业主选择了一块完全是湿地的一个地方填将起来，垒起了今天这么个令人叹为观止的绿洲。看过原基地的人都会惊叹眼前的景象，不得不肯定开发商的实力，能化腐朽为神奇。

一层平面布置图

二层平面布置图

低调的奢华
Tender Luxury
设计单位：牧桓建筑

项目面积：1100 平方米

主要材料：橡木、黄洞石、玻璃、
　　　　　铁件、白杨木

奢华的形式大多集中在复杂的表象上的堆砌，有点像是西方洛可可式的视觉上的眼花缭乱的那种组合方法。但表达奢华的手段难道这是唯一出路？还是我们有其他的选择能够更内敛地表达所谓的华丽？一种相对不张扬的但同样能表达奢侈感的空间。

本案坐落在上海浦东的黄埔江边，是一个新发展的地块，周围有良好规划的景观配套。入口进来我们刻意强调景深并用水池隔开后方通往洗手间的动线。在通往洗手间的墙上立面以水波纹动态投影投射流动水的质感，让室内与室外的黄浦江有了视觉上的联动关系。

　　转而到座位区则利用从天花下来不到底的书柜作为分隔，但却又不完全阻隔空间，让视觉上有部分的穿透感。金属帘也运用在这种软性区隔空间的方式。另外以雕刻的手法处理了吧台的设计，可以与周遭的直线条做了对比，背景衬托白杨木的树林让光和树影若隐若现，不经意地洒在地面增加了诗意感，宛若林里的一块石头。通往贵宾包厢的走道也同样的投影水波在地面上，这种动态的方式让进入包厢的过程有了趣味，也补足了在设计上局限于"硬体"上无法与人互动的缺陷。包厢里并设置的壁炉增加了视觉上的温馨感。

　　整体色彩呈现了沉稳内敛的基调呼应在概念上就刻意回避的铺张感，但透过材质表象一种更深沉的华丽。挑高和释放出来较为宽阔的空间量体表现的就是另一种奢华－尺度上的浪费，这种浪费不是一般小空间能够达到的视觉张力，作为设计者，透过本案想传达的一个视觉语汇。

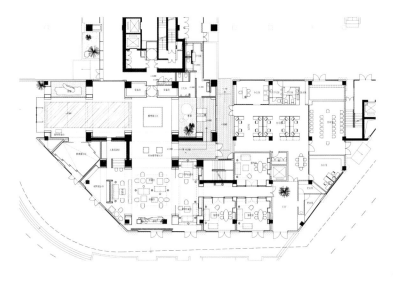

一层平面布置图